# NOTICES

## SUR LES MŒURS

### DES

# BATRACIENS

PAR

## HÉRON-ROYER

Lauréat de la Société Nationale d'Acclimatation
Membre fondateur et ancien Trésorier de la Société Zoologique
de France

Extrait du *Bulletin de la Société d'Études Scientifiques d'Angers*, 1890

CINQUIÈME FASCICULE

## ANGERS

GERMAIN ET G. GRASSIN, IMPRIMEURS-LIBRAIRES

10, rue du Cornet et rue Saint-Laud

1891

# NOTICES

SUR LES

## MŒURS DES BATRACIENS

### Cinquième Fascicule

## IX

### FAMILLE DES BOMBINATORIDÉS

Les Bombinatoridés sont des Batraciens de petite taille, au corps aplati et de couleur sombre : gris terreux plus ou moins foncé. La face supérieure du corps est rugueuse et verruqueuse ; au contraire, l'inférieure est à peu près lisse, tachée de couleurs vives, allant du jaune clair à l'orange et de l'orange au rouge vermillon, sur fond allant d'un noir bleuâtre au noir cendré piqueté de blanc, suivant l'espèce.

La dimension, du bout du museau à l'anus, dépasse rarement 45 millimètres. Les membres sont relativement courts : le bras est grêle et la main petite ; le membre postérieur est plus robuste ; le pied est largement palmé, aussi ces Anoures sont-ils bons nageurs et, par cela même, plus aquatiques que terrestres.

Cette famille ne comprend qu'un seul genre : le

genre *Bombinator* ou Sonneur. Il ne compte en Europe
que deux représentants assez anciennement connus.
Ces deux espèces ont été confondues jusqu'en ces
dernières années, sous la dénomination unique de
*Bombinator igneus*, Sonneur igné ou à ventre de feu,
malgré les différences de structure, de forme, de taille
et de coloration, signalées par divers auteurs : par
exemple, Fitzinger avait distingué le Sonneur des
montagnes, en 1838, dans la faune italienne de
Bonaparte. Blasius, en 1856, chercha aussi à attirer
l'attention des herpétologues, en faisant connaître son
*Bombinator brevipes*. Mais sa nouvelle espèce, pas
plus que le *B. pachypus* de Fitzinger, ne put convaincre
les naturalistes qu'il existait deux formes de Sonneurs
en Europe, et l'on s'en tint jusqu'ici à la seule espèce
décrite par Laurenti.

Ce n'est qu'en 1886, soit quarante-huit ans après
la publication de Bonaparte et trente ans après celle
de Blasius, que cette vérité fut enfin proclamée, grâce
au fait du hasard : M. Boulenger, allant passer ses
vacances en Allemagne, y rencontra deux formes de
Sonneurs : l'une ayant le ventre orangé, en tout
semblable au type que l'on trouve en France ; l'autre,
assez différente, avait l'abdomen marqué de taches
insuliformes généralement petites et d'un beau rouge
sang ou vermillon. Se rappelant la description de
Laurenti, M. Boulenger compare ces deux formes et
reconnaît l'erreur entretenue depuis si longtemps ;
puis à son retour à Londres il publie le résultat de sa
découverte (1).

Il s'agissait dès lors de trouver une dénomination
en rapport avec l'histoire et la synonymie de ces

---

(1) *On two European species of Bombinator*. Proc. Zool. Soc. 1886,
p. 499, pl. L.

Anoures, pour l'appliquer à l'une ou l'autre espèce.
Ce travail de recherches bibliographiques était assez
difficile. Il était tout indiqué de conserver le nom
d'*igneus* à l'espèce caractérisée par la coloration fran-
chement carminée des taches ventrales et retrouvée
en Allemagne. Or, c'était précisément l'autre espèce
qui était universellement connue sous le nom de
*B. igneus*, et que Ræsel avait décrite et figurée sous
ce nom.

M. Boulenger voulut trancher trop tôt cette difficulté, en adoptant pour cette dernière la dénomination
de *B. bombinus*. Mais après dix-huit mois de recherches
laborieuses, il reprit le nom de *B. pachypus* (1), pro-
posé par Fitzinger.

Comme on le voit, c'est à M. Boulenger que revient
l'honneur d'avoir fait la lumière sur ces deux Anoures
en débrouillant leur synonymie.

D'après ces recherches, on reste convaincu que le
*Bombinator igneus* a été le premier décrit ; c'est donc
par lui que nous devons commencer.

### LE SONNEUR IGNÉ

Ce Batracien dépasse un peu la taille de son congénère, le Sonneur à pieds épais, que nous avons en
France. Il se distingue d'ailleurs à première vue, par
sa tête plus élancée, son museau moins arrondi, son
espace ethmoïdal indiqué par la ligne brune passant
sur la narine, la présence au-dessus de l'oreille d'une
petite parotide rappelant celle de l'*Alytes obstetricans*.
Le tronc est plus allongé, plus plat et très élargi en
bas, aussi bien chez le jeune que chez l'adulte. Le
pied est moins épais et a les orteils plus longs et plus

(1) Bull. de la Soc. zool. de France, XIII, 1888, p. 173.

dégagés. La coloration vive des taches ventrales a valu son nom à l'espèce.

Son histoire remonte à Linné qui, vers 1746 à 1757, l'aurait recueillie et qualifiée du nom de *Rana variegata*; plus tard, vers 1761 à 1766, il la désigna de nouveau sous le nom de *Rana bombina*. En 1768, Laurenti, dans sa synonymie des Reptiles, la range dans son genre *Bufo*, en lui donnant le nom de *igneus*. Enfin, en 1820, Merrem crée pour elle le genre *Bombinator*.

Le Sonneur à ventre de feu habite la Suède, le Danemark, l'Allemagne septentrionale, centrale et méridionale, l'Autriche-Hongrie, la Moldavie et la Russie. Il m'a été signalé comme habitant aussi la Turquie d'Asie, par des commerçants ayant stationné quelques années dans cette contrée et qui, l'an dernier, l'ont reconnu chez moi, en voyant mes spécimens vivants. Pour affirmer leur dire, ces personnes ont fort bien simulé le chant de cet Anoure. Mais comme ce renseignement n'est pas suffisamment indiscutable, vu qu'il vient de personnes peu initiées à l'histoire naturelle, je me contente de rapporter leur dire sous toutes réserves.

C'est au printemps, en mars, avril ou mai, suivant la contrée qu'il habite, que le *Bombinator igneus* commence à quitter sa livrée d'hiver, en faisant peau neuve : le marron, le brun, le gris et le vert, rehaussés du fin vernis perdu durant les frimas, vont agrémenter le dessus de sa robe ; de gros tubercules noirs et arrondis sont irrégulièrement clairsemés sur le corps. A la hauteur des bras, sur le dos, se voient d'autres tubercules allongés, noirâtres, symétriques, et affectant la forme de bandelettes un peu arquées, à convexité interne ; quelques-uns, mais plus petits et également noirâtres, simulent à l'occiput un *V* très ouvert. Entre ces derniers tubercules et ceux du dos, se voit une paire de taches claires, qui passe du gris cendré au vert mousse ; ces taches seront plus ou moins grandes suivant les conditions physiques de l'animal. Quelquefois une teinte d'un vert semblable apparaît sur le crâne, ou sur une partie du dos, d'autres fois seulement sur le nez. Ce léger coloris est comparable à un coup de pinceau sans limites précises : c'est un lavis superficiel qui n'est que passager et qui ne se reproduit pas toujours exactement, et même qui ne se reproduira peut-être plus sur le même animal ; au contraire, la paire de taches vertes que nous avons indiquée entre les épaules est plus nette et plus persistante.

Comme chez le *Bombinator pachypus*, l'avant-bras et la main, la jambe et le pied sont barrés de taches très brunes ; mais le *Bombinator igneus* se distingue encore ici de son congénère par l'absence de brosses copulatrices aux orteils. Particularité très importante à noter, en raison du rôle que joue le mâle durant la ponte.

Les faces inférieures sont d'un noir bleuâtre ou simplement noires et piquetées de blanc ; sur ce fond s'étalent des macules orange vif, vermillon ou rouge sang, suivant l'influence psychologique. Ces macules, disséminées sur l'abdomen, sont très irrégulières, sauf aux aines où la tache est toujours allongée, étroite et symétrique. Celle du menton prend souvent l'aspect d'une bande transversale ; elle est ordinairement précédée d'une petite tache blanche. Celles qu'on observe sur la gorge sont petites et pâles, leur assemblage forme une sorte de marbrure où le gris bleuâtre, le rose vif et le blanc se rencontrent. Le bras, la cuisse et la jambe portent les plus larges macules rouges ; la paume de la main ne présente

qu'une seule tache ; le pied en porte deux : l'une sous
la plante et l'autre sous le pied, à la base des quatre
premiers métatarsiens. Contrairement à ce qu'on
observe chez le *Bombinator pachypus*, les doigts et
les orteils ne sont pas tachés de rouge à leur extrémité : ils sont très légèrement marqués d'une teinte
roussâtre peu ou point visible.

Le mâle diffère de la femelle par la présence du sac
vocal ; la peau qui le recouvre présente un mélange
de taches généralement plus nombreuses et plus
pâles. Chez lui, le pli gulaire est très apparent par
suite de l'ampleur de la peau qui dissimule le sac.
Cet organe, particulier à cette espèce, est assez
curieux dans sa structure : les ouvertures latérales
qui donnent naissance aux deux poches, divisent le
muscle sous-maxillaire en deux parties, l'une anté-
rieure, l'autre postérieure. Cet appareil ne sert guère
qu'au temps de rut pour appeler la femelle.

A l'approche des amours, le mâle s'en va choisir
une mare herbue autant que possible, pour s'y dissi-
muler. En attendant l'arrivée de la femelle, il procède
à son changement de peau : pour cela il plonge et
replonge, s'excite par l'exercice, puis il s'étend sur le
fond, fait quelques contorsions et enfin un liquide
sous-épidermique aidant, la peau se fend sur le dos.
Le Batracien nage alors entre deux eaux et s'y livre
à une gymnastique vraiment curieuse : étendant et
repliant ses bras avec brusquerie, tantôt il se frotte
la tête avec la main, à d'autres instants il ramène ses
deux pieds latéralement en avant et au niveau de ses
mains, pour se débarrasser de sa vieille peau qui,
après maints efforts, se fend aussi par le milieu du
derrière, comme une culotte usée. Elle se détache en
un voile mince, opale et transparent, tenant d'un bout
à la main et de l'autre à l'extrémité des orteils et

latéralement le long du corps, imitant ainsi de vastes ailes membraneuses. Après bien des efforts le vieil oripeau se détache des flancs de l'animal et va s'échouer sur les rameaux aquatiques.

Ainsi paré de son habit neuf, le Sonneur igné monte à la surface, étend peu à peu ses membres comme pour se remettre de ses récentes fatigues, puis, relevant la tête, se balance sur l'eau. On s'aperçoit bien vite que la bête se gonfle progressivement, tant et si bien qu'elle surnage comme une vessie.

Dans l'attitude précitée, le Batracien vient d'introduire une somme d'air assez considérable sous sa peau ; celle-ci, n'adhérant aux muscles que par de minces cloisons membraneuses, s'est dilatée au point de tripler le volume ordinaire de l'animal. Ses formes ainsi ballonnées, le *Bombinator* a complètement perdu l'aspect chétif et aplati que nous lui avons connu tout d'abord.

Mollement étendu sur l'eau, il relève fièrement la tête, enfle son sac vocal sans bruit, puis le dégonfle subitement, en poussant sa grosse note cuivrée : *hoû ;* le sac se renfle aussitôt, et à quelques secondes d'intervalle un deuxième *hoû*, sinistre et cuivreux, en tout semblable au premier, se fait entendre.

On n'a remarqué dans cet exercice du chant, aucune compression des flancs : seul le sac vocal s'est dégonflé, puis regonflé aussitôt la note émise. Cependant il est certain que les muscles abdominaux ont été mis en jeu pour provoquer l'émission de la voix. Il ne peut y avoir que l'extrême extension de la peau qui dissimule ce violent effort pulmonaire, car, à ce moment-là, l'animal imprime à son corps un mouvement d'arrière en avant, comme fait la vague au bateau qu'elle soulève.

Ainsi flottant, dans l'attitude du chant, le Sonneur

a une figure bizarre, avec son sac vocal marbré de blanc rosé, de bleu cendré et de vermillon. On dirait qu'il porte un goître au travers de la gorge ; il séjournera ainsi à la même place, tant qu'il ne se présentera pas de femelle, parfois il marque son impatience par un chant plus accentué et par des mouvements de latéralité. Mais, vient-il une femelle, aussitôt il nage au-devant d'elle, revient ensuite à la place qu'il occupait et recommence son chant de trompe jusqu'à ce que la femelle s'avance vers lui ; alors, comme par enchantement, il se dégonfle et cherche à la saisir. Mais si la femelle n'est pas prête à pondre, notre mâle revient de nouveau vers sa place de prédilection, se gonfle et, flottant comme une bouée, recommence à pousser son *hoû*, qu'il répète vigoureusement sans se lasser.

Le *Bombinator igneus* semble être jaloux : quand, non loin de lui, un autre mâle sonne de la trompe, il cherche à le surpasser en chantant plus fort ; il tourne aussi parfois sur place, comme pour montrer à son rival qu'il est bien maître du lieu qu'il occupe. Si par hasard l'autre mâle vient à s'approcher, il le pourchasse en cornant de toutes ses forces, et si l'intrus veut faire entendre sa voix, il s'ensuit une sorte de combat où le plus robuste donne la chasse au plus faible, pour occuper la place.

Cette place n'est toujours qu'un petit espace limité par des plantes ou d'autres obstacles flottants, en sorte que le vainqueur s'y trouve un peu dissimulé. Les femelles même n'y sont pas toujours tolérées ; tant que le seigneur ballonné n'a pas fait son choix ou qu'il n'est pas accouplé, on le verra souffler au vent sa note grave, insipide et monotone.

La femelle choisie pour épouse ne s'éloigne guère du chanteur et, dès qu'elle éprouve le besoin de pondre, sans simagrées ni préambule, elle s'approche et se laisse appréhender par le mâle. Celui-ci la saisit au défaut des lombes et approche ses mains au-dessus du pubis, à peu près comme font les Pélobates ; son menton et sa gorge, dont le sac vocal est dégonflé, s'appuyent sur le dos de sa compagne.

Le couple, ainsi uni, nage en divers sens, tout en cherchant l'endroit propice et les plantes qui peuvent abriter convenablement les œufs. Il passe et repasse, souvent plusieurs fois, entre les mêmes végétaux, jusqu'à ce que la femelle laisse échapper son premier œuf. Alors commence une série d'évacuations d'un à six ou huit œufs ; chaque lot, comme chaque œuf, s'il est seul, reste agglutiné aux feuilles ou aux petites branches, non loin du bord et assez proche de la surface de l'eau.

Pour ce travail, la femelle se met à califourchon sur la branche, la feuille ou le brin d'herbe, et elle y dépose un petit œuf que le mâle s'empresse de féconder, tout en maintenant sa compagne. D'autres fois, s'il se présente une difficulté dans la ponte, le mâle courbe l'échine, se ramasse sur lui-même et tire avec dextérité, d'un coup d'orteil, le petit lot d'œufs qui se montre au cloaque de la femelle ; reprenant alors sa position normale, il l'étale avec son pied sur la branche voisine et le féconde ensuite sans perdre de temps.

Comme chez les Discoglosses, la ponte se prolonge assez longtemps, d'autant plus qu'ici, comme on vient de le voir, les œufs sont évacués, puis agglutinés aux végétaux et fécondés ensuite. Ce laborieux travail, avec ses intervalles de repos, dure souvent une journée entière. Cependant le mâle, toujours plein de sollicitude, ne quitte pas un instant la femelle, à moins qu'il ne soit effrayé par l'approche subite d'une personne ou de quelque autre manière. D'autres fois la ponte se prolonge deux ou trois jours : dans ce cas, il y a de longues heures de repos. Le repos peut être aussi de plusieurs jours, suivant l'état de maturité des œufs. Enfin, on remarque qu'une ponte s'achève rarement sans plusieurs interruptions d'assez longues durées.

Il se peut aussi qu'une femelle fasse deux pontes dans l'année. La première a lieu au commencement du printemps ; la seconde se fait au plus tard en juillet.

Ce qui rend assez vraisemblable l'hypothèse d'une deuxième ponte, c'est que cet Anoure ne pond point à une époque déterminée. En captivité, il ne pond en réalité qu'une fois, vers le mois de juin ; mais dans la nature, du moins en France, son congénère commence à pondre au printemps. Si, en juillet, on en capture une centaine d'individus, il est à peu près certain que quelques-uns de ces nouveaux captifs s'accoupleront et feront des pontes médiocres, mais productives.

Quelques heures après la fécondation, la couche adhésive de l'œuf perd progressivement sa fermeté : elle devient filante. Chaque œuf s'isole, son propre poids l'entraînant, et bientôt il est suspendu par un fil muqueux au-dessous des feuilles sur lesquelles il avait été fixé. On remarque aussi que des lambeaux de mucus flottent et cherchent à s'agglutiner aux objets les plus proches, si bien qu'à l'aide de ces lambeaux intermédiaires, les œufs vont se trouver irrégulièrement espacés les uns des autres. Ainsi maintenus, ils se balancent dans le liquide, et les fils qui les retiennent demeurent presque invisibles tant que l'eau n'est pas troublée.

Deux ou trois jours après la ponte, lorsque l'embryon évolue sa première ébauche, la capsule externe qui le protège prend la forme ovoïde ; le mucilage qu'elle contient perd sa limpidité et devient laiteux. Vu par transparence, il semble contenir des poussières en suspension ; vingt-quatre heures après, ce mucilage s'éclaircit et reprend sa limpidité. Durant ce temps, la capsule externe se dilate beaucoup et reprend la forme sphérique.

Ces particularités sont propres au *Bombinator igneus* ; elles ne se retrouvent point chez le *Bombinator pachypus*.

Le Sonneur à ventre de feu préfère, dit-on, les vallées ; celui à pied épais les montagnes ou les lieux accidentés. Après les amours, chacun voyage à sa guise ou vagabonde vers d'autres mares ou d'autres coteaux ; mais la fin d'août arrivée, chacun s'occupe de choisir le campement hivernal le plus convenable. Les jeunes et surtout les derniers nés ne quittent leur mare favorite qu'après le départ de leurs parents, lorsqu'ils se sentent assez robustes pour supporter les fatigues de cette sorte d'émigration. D'autres plus tardifs, surpris par le froid, resteront dans les marais profonds et trouveront dans la vase une température plus clémente. Mais ce dernier cas est assez rare : en captivité, l'animal aime mieux se cacher sous la terre ou sous la mousse que de passer tout l'hiver dans des récipients dont l'eau cependant ne gèle jamais.

Les Sonneurs m'ont paru les moins nocturnes des Anoures à vertèbres opisthocœles ; ils recherchent les mares sans ombrage, et là vive lumière du soleil paraît leur plaire autant que sa chaleur. La pupille est triangulaire, l'iris est donc divisé en trois sections ou lèvres, réunies entre elles par des commissures très souples qui lui permettent de se contracter très promptement et de ne laisser qu'un faible passage aux rayons lumineux : grâce à cette disposition, l'animal brave la lumière la plus intense.

Chez *Bombinator igneus*, une large bande dorée passe sur la première lèvre ou section supérieure du bord de l'iris ; les deux autres sections sont marquées d'un simple filet doré à leur bord. Chez *Bombinator pachypus*, les trois sections de l'iris sont, le plus souvent, semblablement bordées d'un fin filet d'or.

Chez les deux espèces, ces lèvres pupillaires présentent, devant la lumière du jour, une courbure à convexité interne : la supérieure en forme de visière, joue le rôle d'abat-jour sur la chambre obscure ; les deux autres sont latérales et obliques, elles se rapprochent en bas sous la forme d'un V, elles font office d'écrans et donnent plus de netteté à l'image. Cette disposition, qui d'abord paraît spéciale aux Sonneurs, se retrouve, quoique assez modifiée, chez les Bufonidés. Aussi ai-je fait la remarque que les Grenouilles et les Pélobates avaient la vue moins nette que les Crapauds. Chez ceux-ci, l'iris a la même disposition générale que chez les Sonneurs et a de même la forme d'un triangle très ouvert : quasi elliptique, la pupille présente à ses extrémités latérales et en bas, des commissures peu apparentes, mais très évidentes, qui forment ainsi les angles du triangle.

Maintes fois, en promenade au bord d'une mare, je me suis amusé à avancer la main lentement et d'arriver ainsi sans bruit à pouvoir caresser une Grenouille du bout du doigt ; d'autres fois, si la Grenouille était à terre, j'arrivais à faire de même et à la prendre dans la main, sans qu'elle fît un mouvement pour s'échapper. On ne pourrait en faire autant avec un Sonneur. C'est que la Grenouille fixe longtemps le même objet, sans paraître voir ce qui se passe autour d'elle.

Le Sonneur, toujours l'œil en éveil, se dissimule au moindre bruit : dès qu'on l'approche, il plonge ; si l'apparition a été trop subite, il perd la tête comme l'a expliqué Fatio dans sa *Faune des Vertébrés de la Suisse*, et tournoie sur lui-même, tant il est épouvanté ; à terre, lorsqu'il ne peut fuir, il s'aplatit, relève la tête et les jambes, creuse son dos et, ainsi cambré, met ses mains sur ses yeux, en ayant soin de tenir la paume en dehors. D'autres fois, il se renverse sur le dos, comme si les couleurs vives de sa face ventrale devaient effrayer son ennemi. Si alors on le tourmente, sa peau exsude un venin blanchâtre et volatil qui provoque l'éternuement.

Toutes ces feintes sont communes aux deux *Bombinator*.

### LE SONNEUR A PIED ÉPAIS

Nous avons vu, dans la description qui précède, qu'au physique le *Bombinator pachypus* ressemble assez à son congénère, ce qui fut la cause d'une longue confusion. Qu'il nous suffise de rappeler que son crâne est proportionnellement plus large, son museau plus arrondi, ses joues plus saillantes ; qu'il n'a point de glandes parotidiennes ; que la coloration extérieure est plus régulière, ainsi que les granulations de sa peau. Que la coloration des faces inférieures est beaucoup plus claire, que le jaune orangé est plus envahissant que la couleur noire cendrée ou noire bleue, et se répand même très largement sur le bassin et les cuisses.

Le *Bombinator pachypus* était jadis connu en France sous la fausse dénomination de *B. igneus*.

Ræsel est, croyons-nous, le premier auteur qui ait signalé, étudié et figuré le Sonneur à pied épais.

Dans son édition de 1752, il le nomme Crapaud de feu : *Bufo vulgo igneus dictus*. Ensuite nous voyons ce Batracien figurer sous les dénominations de *Rana bombina*, Sturn, 1797 ; *Bufo bombinus*, Daudin, 1803 ; *Bombina ignea*, Koch, 1828, Reider et Hahn, 1832 ; *Bombinator pachypus*, Fitzinger, 1838 ; *Bombinator igneus*, Bonaparte, 1838, Duméril et Bibron, 1841, Fatio, 1872, Koch, 1872, de Betta, 1875, Lataste, 1876, Leydig, 1877, Camerano, 1883, moi-même, 1881, 1883 et 1885 ; *Bombinator brevipes*, Blasius, 1856 ; *Bombinator bombinus*, Boulenger, 1886, moi-même, 1887 ; enfin *Bombinator pachypus*, Boulenger, 1888.

Le *Bombinator pachypus* est très répandu en France. Paul Bert l'a signalé dans l'Yonne ; Collin de Plancy l'indique en Seine-et-Marne et en Seine-et-Oise : à Cernay-la-Ville, Boulez-les-Trous et Montlhéry. Louis Giraux l'a également trouvé dans ces départements : à Sens, Achères, Provins, Montereau, et à Domery, dans la Marne. Je l'ai recueilli à Chevreuse, dans Seine-et-Oise, et notamment dans la Sarthe, près du Mans, à Montbizot, à Saint-Jean-d'Assé, à Sainte-Sabine ; dans le Loiret, près d'Orléans, à la Tuilerie, près de Cercotte ; dans l'Indre-et-Loire, près de Tours, sur les hauteurs de Saint-Symphorien, à Saint-Martin-le-Beau, à Evres, à Amboise et à Francueil-sur-Cher : là, il est tellement commun, qu'il se trouve dans les fermes et dans les jardins. Le Dr Raphaël Blanchard l'a également trouvé dans la plupart des mares, à Saint-Christophe (Indre-et-Loire), et tout récemment il vient de le découvrir en Savoie, à Aix-les-Bains, à Marlioz et aux environs d'Annecy. Dans le Puy-de-Dôme, je l'ai recueilli près de Riom : à Enval, à Volvic et à Châtelguyon. On le trouve dans les Charentes, la Gironde, la Haute-Garonne, ainsi que dans les Hautes-Alpes. M. Ed.-F. Hon-

norat l'a capturé près de Gap, au pied de la montagne
de Ceuse, dans la vallée de Gap à Tallard ; cependant
il ne remonte pas jusqu'à Embrun et Briançon, où le
D R. Blanchard l'a cherché en vain. Dans l'Isère, je
l'ai trouvé à Grenoble, près du champ de manœuvres
et route des Alpes, près des Bains, dans les fossés
d'assèchement. Ernest Olivier le signale dans l'Allier
et dans le Doubs ; Louis Companyo, dans les Pyré-
nées-Orientales ; G. Jumeau dit qu'on doit le trouver
près de Montpellier ; Ed. Taton l'a trouvé dans presque
toutes les petites mares du département des Ardennes.
Enfin M. René Parâtre vient de le découvrir dans le
Loir-et-Cher, et MM. René Martin et Raymond Rollinat
dans l'Indre. En un mot, il ne s'agit que de le chercher pour le découvrir, car il est certain qu'il existe
dans bien d'autres départements.

Ce Batracien habite aussi la Belgique, la Hollande,
la Suisse, l'Allemagne occidentale, centrale et méridionale, l'Autriche-Hongrie, la Moldavie, la Dalmatie,
la Grèce et l'Italie. Si on ne l'a pas encore signalé en
Espagne, il ne serait pas surprenant qu'on l'y trouvât
quelque jour, puisqu'il n'est point rare dans les Pyré-
nées françaises.

Le *Bombinator pachypus* est un peu plus petit que
son congénère ; il a des formes plus massives, son
corps est plus épais, ses muscles sont plus fermes, il
est plus rugueux au toucher, et sa peau est aussi
plus épaisse. Ses pieds étant plus courts et fortement
palmés, lui donnent une allure plus lourde.

Entre les épaules, il possède aussi une paire de
taches claires, mais qui ne sort jamais des tons gris.
Au-dessous de ces premières taches, se voit une autre
paire en tout semblable, de même nuance et de
même dimension. Rappelons aussi l'absence de sac
vocal et la présence de brosses copulatrices aux

deuxième, troisième et parfois aussi au quatrième orteils.

Sur le squelette, le crâne présente des fronto-pariétaux moins allongés, mais plus ossifiés. La fontanelle est large en avant, étroite en arrière ; chez *B. igneus*, elle est beaucoup plus étendue et aussi large en arrière qu'en avant, et l'ethmoïde est plus grand. Chez les deux espèces, la branche styliforme du sphénoïde est tronquée et ne s'avance que très peu sur le fut ethmoïdal. Chez les Grenouilles, cette lame osseuse s'avance le plus ordinairement en pointe aiguë ; chez les Discoglosses et les Alytes, en pointes multiples ; cette disposition se rencontre quelquefois chez les Crapauds, mais bien moins accusée.

L'os palatin manque totalement chez les deux Sonneurs ; pour y suppléer, les ptérygoïdiens se courbent très fortement en avant et viennent rejoindre la pointe externe des préfrontaux. Les vomers sont étroits, s'appuyent sur l'ethmoïde et présentent à ce niveau leurs groupes de dents vomériennes, petits chez *B. pachypus*, plus gros chez *B. igneus*.

Comme on peut en juger maintenant, le crâne des Sonneurs est peu solide et sa souplesse est souvent une sauvegarde dans les mésaventures de leur existence. La colonne vertébrale, d'une médiocre ossification, est aplatie ; le canal vertébral est large, eu égard à la petitesse des vertèbres. Comme chez les Discoglosses et les Alytes, les vertèbres dorsales présentent des rudiments de côtes ; les quatre dernières vertèbres ont leurs apophyses transverses très fortement dirigées en avant, et le sacrum les a très dilatées, à l'exemple du Pélodyte. La branche coccygienne est très longue : de chaque côté de sa base se voit une petite apophyse styloïde qui constitue une des particularités des Anoures à vertèbres opisthocèles.

Il y a encore une autre particularité non moins curieuse que je ne dois pas passer sous silence, c'est celle que présente la partie postérieure et inférieure de la ceinture pectorale : je veux parler du xyphisternum, qui porte en bas deux longues branches un peu cylindroïdes, se terminant en pointes extrêmement menues. Tandis que chez les Grenouilles, les Rainettes, les Crapauds et les Pélobates, ces appendices sternaux sont dilatés en palettes, ce post-sternum ou postomosternum, comme le nomme aussi le Dʳ Raphaël Blanchard dans son *Traité de zoologie médicale* (1), s'ossifie avec l'âge. Il est entouré d'un cartilage aminci à ses bords, élargi en bas et bifurqué en deux palettes terminales, chez les Grenouilles et chez les Rainettes ; chez ces dernières, la bifurcation est plus prononcée et les disques terminaux sont plus étendus latéralement. Chez les Pélobates et les Crapauds, il se termine en une spatule entourée d'un seul disque cartilagineux. On voit d'ici que ces caractères différencient assez les familles, pour mériter qu'on s'y arrête.

Il existe enfin un pré-sternum ou épis-sternum chez les genres *Rana*, *Hyla*, *Pelobates* et *Discoglossus* ; il fait défaut chez les genres *Bufo*, *Alytes* et *Bombinator*.

En dehors de ses habitudes cosmopolites, notre petit Sonneur se tient de préférence dans les endroits accidentés, qui peuvent lui fournir la nourriture et le milieu favorables à sa nombreuse progéniture. Il est gros mangeur et se charge de détruire beaucoup d'Invertébrés à l'état parfait et surtout à l'état larvaire ; aussi les larves de taille médiocre rencontrent-elles en lui un cruel ennemi. Sa gloutonnerie n'a pas

---

(1) *Traité de zoologie médicale*, Paris, 1890.

de borne : happe-t-il une proie trop volumineuse et trop robuste, il lutte avec elle et, s'il ne peut l'engloutir en entier, l'entraîne à l'eau et l'immerge, pour lui retirer ses forces. Alors il l'avale lentement, au fur et à mesure qu'il digère. Les petits animaux mous sont plus vite engloutis et, s'il peut en emplir sa bouche pour éviter de les prendre un à un, il le fera en s'aidant avec les mains. C'est ainsi que j'ai toujours vu le *Bombinator pachypus* dévorer gloutonnement les proies qu'il peut saisir.

Il arrive parfois qu'une proie soit disputée entre plusieurs Sonneurs ; chacun la tire de son mieux, s'efforçant de l'emporter. Il n'y a pas de combat et nul coup de dents sérieux n'est distribué aux adversaires ; plus sages que les Discoglosses, ils cherchent seulement à se ravir réciproquement la proie qui est tombée à leur portée. Bien des fois j'ai ri de les voir se disputer un ver de terre, chacun tirant de son bout, l'un avalant la queue, l'autre avalant la tête. Le malheureux Lombric, de son côté, faisant tous ses efforts pour ne pas être avalé, arrivait à faire lâcher prise à l'un d'eux ; le vainqueur, dans cette heureuse circonstance, s'en allait alors traînant sa longue proie vivante, qu'il continuait d'avaler lentement.

Durant les chaleurs de l'été, les Batraciens digèrent bien plus vite que dans les saisons moyennes de printemps et d'automne. Lorsque j'étudiais l'enveloppe muqueuse des fèces des Anoures (voyez notice VIII), j'ai rencontré dans cette poche des larves de Tipules encore vivantes et n'ayant subi aucune altération apparente. Ce fait peut nous édifier sur la gloutonnerie sans limite du Sonneur et sur les services qu'il rend durant l'été ; car, en outre des larves et des petits insectes au milieu desquels il vit, il dévore aussi les petits Limaçons et les Limacelles ; en un mot il ne néglige rien de ce qui se meut près de lui et même, chose particulière au groupe qui nous occupe, tous les Anoures à vertèbres opisthocœles suivent l'exemple des Urodèles en ce qu'ils ne cessent point de manger durant l'époque du rut. Les autres Anoures, tels que les Grenouilles rousses, les Pélobates, le Pélodyte et le Crapaud commun, continuent au contraire le jeûne hivernal jusqu'après les amours, toutefois, les grenouilles vertes et les Rainettes font exception à cette règle et ressemblent aux premiers en ce qu'ils ne se livrent aux plaisirs de l'amour qu'après avoir réparé les pertes qu'a subies leur embonpoint au cours de l'hiver.

Le *Bombinator pachypus*, à l'époque du rut, fait sa toilette de circonstance, généralement dans une eau fraîchement tombée, trouble encore du limon qu'elle a entraîné avec elle ; c'est peut-être ce qui lui a valu l'épithète de Crapaud pluvial. Le Sonneur n'y regarde pas de si près ; au contraire, il aime ces eaux troublées et fraîches, où il peut, sans crainte d'être vu, vaquer à son gré au plaisir de l'amour.

L'échine un peu creusée, les orteils au niveau de l'eau, le nez et les yeux faisant saillie au dehors, frais et pimpant, il appelle. Une note se fait entendre, elle est timide : *hue ;* puis plusieurs se répètent et s'accentuent à mesure que le petit Batracien s'excite à jeter dans l'air son chant d'appel, peu mélodieux mais moins sinistre que celui de son congénère. Sa voix est, il est vrai, moins sonore, mais elle est plus expressive : il peut à son gré crier plus ou moins vite, n'ayant point, comme le *Bombinator igneus*, de sac vocal à gonfler. La syllabe *hue* est l'expréssion la plus forte ; souvent on entend aussi : *heu, heu, heu, heu, heu,* répété à la suite sur le même ton, ce qui a fait dire à Ræsel que ce chant imitait le rire.

Il est certain que cet Anoure ne peut moduler un chant, contrairement à ce qu'a dit Lataste dans son *Essai d'une faune herpétologique de la Gironde* (1) :
« Le chant de cette espèce, assez faible et très doux,
« se compose, dit-il, de deux notes plus basses que
« celles de l'Alyte, la première un peu plus élevée
« que la deuxième. Ces deux notes sont émises l'une
« à la suite de l'autre et répétées sans interruption,
« lentement d'abord, puis de plus en plus vite. L'ono-
« matopée *houhou, houhou, houhou*... rend assez
« bien l'effet produit par sa voix.

« Le Sonneur est susceptible de varier un peu cette
« musique dans certaines circonstances. Un soir, je
« m'étais approché d'une mare où tout s'était tu à
« mon approche ; mais après un instant de silence,
« j'entendis sous mes pieds s'élever une voix exces-
« sivement faible. C'était un ramage assez varié, une
« broderie très délicate, comme le gazouillement d'un
« oiseau qui rêve. La voix sortait bien de la mare ;
« mais une haie était là, tout près, et j'allais croire
« ce chant produit par un oiseau endormi, quand,
« peu à peu, il se renforça, se modifia et passa avec
« ménagement aux houhou habituels du Sonneur. Je
« venais d'entendre les préludes de cet artiste. »

Il faut avouer que la fantaisie est des meilleures et que jamais herpétologiste ne s'est plus émerveillé au chant d'un Batracien.

Nous ne pouvons que mettre en garde contre une semblable opinion. Il est bien certain que chaque animal a un timbre de voix particulier, et que, quand plusieurs Sonneurs chantent ensemble ou se répondent alternativement, plus le nombre en sera grand dans la mare et plus les chants paraîtront variés. Mais un

---

(1) Actes de la Soc. Linn. de Bordeaux, XXX, 1876.

Sonneur n'émet qu'une seule note, il la répète et c'est toujours la même ; le timbre ne peut s'élever que progressivement, si la bête s'anime. Son chant consiste donc en une seule note, qui varie de *piano* à *forte*.

Pour s'assurer de ce fait, il n'y a qu'à mettre un seul mâle dans un aquarium, en temps de rut, et l'on sera bien vite convaincu de ce que j'avance.

En dehors de ce chant d'appel, notre Sonneur, lorsqu'il embrasse la femelle et que celle-ci lui refuse l'accouplement, transforme ses *heu*, *heu* habituels en *é*, *é*, *é*, *é* assez promptement répétés C'est une sorte de supplique adressée à la femelle qui lui refuse ses faveurs ; ces *é*, *é*, *é*, *é*, *é* doux et précipités ne sont donc qu'accidentels.

Dans le même cas, le Sonneur à ventre de feu n'émet point de chant précipité, il lutte en silence avec la femelle : lorsque celle-ci le refuse, il l'abandonne momentanément.

Le chant de *B. pachypus*, perçu le soir dans la campagne, ne paraît donc pas être conforme à la description que je viens de rapporter. Celle-ci est exacte, quand un certain nombre des Sonneurs se répondent dans un espace assez grand : le silence de la nuit aidant, la répercussion de la voix fait qu'on s'imagine entendre, assez vaguement il est vrai, des mots échangés dans une conversation à voix basse. Puis, lorsqu'on approche de l'endroit d'où partent ces bruits, le calme se fait aussitôt.

Fatio s'est également trompé en complétant sa description, lorsqu'il dit (1) : « Le chant si connu du « *Bombinator*, que l'on entend quelquefois le jour, « mais principalement dans la soirée, consiste tantôt « en une seule note beaucoup moins élevée et vibrante

---

(1) *Faune des Vertébrés de la Suisse*, III, p. 374, 1872.

« que le cri de l'Alyte, et pouvant se traduire par la
« syllabe *hou*, tantôt en deux notes consécutives
« exprimant à peu près les mots *bó-nu* ou *bo-ou*. »

Il est certain qu'ici le D\u2072 Fatio a entendu le chant
de deux Sonneurs se répondant immédiatement,
comme, du reste, ils en ont la coutume.

Le *Bombinator pachypus* s'accouple exactement
comme nous l'avons décrit pour l'espèce précédente ;
le mâle porte également à la face interne de l'avant-
bras une brosse brune et ovalaire, qui lui permet de
se maintenir aux aines de sa compagne ; à la main,
le tubercule métacarpien, le pouce et le doigt suivant
sont aussi revêtus de ces rugosités nuptiales. Prêt
pour l'amour, le Sonneur chante ses *heu, heu, heu,*
assez bas et modestes ; puis, peu à peu excité par son
chant et par le besoin de la reproduction, ses muscles
sont parcourus de mouvements nerveux ; ses membres
pelviens s'agitent de droite à gauche, pris d'une sorte
de frémissement ; ensuite le petit animal va comme
un fou se jeter sur le camarade le plus proche et, dès
qu'il aperçoit la femelle, il s'accouple sans méthode,
avec une sorte de rage. Quand enfin la femelle s'abandonne volontairement à lui, il prend la position habi-
tuelle à son espèce, et bientôt la ponte commence.

Le 2 juin 1886, vers six heures du soir, le temps
étant orageux et chaud, le thermomètre marquait
26° centigrades, je mis dans un aquarium trois mâles
et trois femelles pleines ; deux heures après, je m'ap-
prochai et je vis qu'une des femelles était accouplée
et qu'elle avait pondu une dizaine d'œufs. Les autres
Sonneurs mâles, furieux, se cramponnaient les uns
aux autres, se disputant une autre femelle. Finale-
ment, ne pouvant s'entendre, ils vinrent se jeter sur
le premier couple : la bataille devint terrible ; les
adversaires, accrochés en pelote, roulaient sur le

fond. Pour éviter un malheur, car dans ces combats il y a souvent des morts, je retirai tous les intrus et laissai le premier couple vaquer seul paisiblement à la ponte.

N'étant plus inquiétés, les deux époux, intimement unis par l'étreinte inguinale du mâle, firent en nageant une sorte de promenade comme pour s'assurer que leur sécurité était dès lors établie ; puis ils vinrent à fleur d'eau : tous deux avaient les jambes écartées, les genoux à demi pliés et la plante du pied tournée en dehors ; ils semblaient attendre le moindre incident pour plonger du même coup.

Enfin, le couple nage vers une plante ; la femelle la saisit, la passe sous son bras comme pour mieux s'y maintenir, puis elle allonge ses membres pelviens, les rapproche l'un de l'autre et frotte ses talons. Par ce même mouvement, elle excite le mâle en lui frictionnant le cloaque du bout de ses orteils et de ses talons ; le mâle, ainsi excité, rapproche son anus de celui de la femelle. Mais celle-ci n'a point changé de position : elle continue à frotter ses pieds l'un contre l'autre, puis, laissant un écart entre ses genoux, elle laisse échapper quelques œufs qu'elle a soin de retenir entre ses cuisses écartées comme il a été dit. Le mâle aussitôt se hausse, fait le bossu et les féconde.

Immédiatement après, la femelle prend la plante qu'elle maintenait sous son bras, la serre contre son corps, se met à cheval dessus et tourne deux ou trois fois autour, afin d'y fixer ses œufs qu'elle a eu soin de retenir avec sa main libre. Dans ce mouvement tournant de voltige, les œufs glissent le long de la cuisse de la femelle jusqu'à la plante, en même temps que son pied, ainsi que celui du mâle, les étale sur la branche.

La manœuvre est plus promptement exécutée qu'il

ne faut de temps pour la décrire. Après cinq à dix minutes, une autre émission d'œufs est fécondée et placée de la même façon, mais à une autre place. J'ai remarqué que ces Batraciens ne revenaient plus pondre sur la branche qui leur avait déjà servi, ils recherchent un autre brin d'herbe ou une autre branche, afin que les lots d'œufs soient très espacés les uns des autres ; il faut donc qu'ils aient à leur disposition un certain nombre de plantes pour achever la ponte. Au moment où je les observais, ils ne pouvaient disposer que de deux branches de cresson, toutes deux déjà chargées ; mes animaux ne sachant où déposer leurs œufs, pondirent sur le fond de l'aquarium, à l'endroit le plus propre. A la suite des apprêts qui précèdent l'émission, je fus tout surpris de voir mon couple, dès que les œufs touchèrent le fond, se pencher sur le côté, la main de la femelle servant de pivot, tendre leur patte postérieure droite et s'en servir pour écarter leurs œufs en décrivant un cercle et les coller sur place, de manière qu'ils soient assez distancés pour ne pas se nuire lors du développement. Je leur mis alors une autre branche de cresson, en ayant soin de ne pas les effrayer, et bientôt je les vis venir y déposer un petit lot d'œufs.

Un autre fait va encore nous montrer combien ces Anoures s'inquiètent de la sécurité de leur progéniture : ayant mis dans l'aquarium une quatrième branche de cresson, mais n'ayant pu la fixer, elle vint flotter à la surface ; les racines surtout surnageaient. La femelle, avec ses mains, cherche à l'immerger ; ne pouvant y parvenir, elle sortit de l'eau, portant toujours le mâle sur le bas de son échine, monta sur le petit rocher près duquel la branche était venue s'échouer, puis sauta sur celle-ci en la saisissant avec ses bras. L'ayant ainsi enfoncée sous le poids de leurs deux corps, elle pondit et y fixa ses œufs avec l'aide du mâle, tout comme nous l'avons vu plus haut.

En suivant avec attention la curieuse manière dont se fait la ponte de ces petits Batraciens, j'ai remarqué qu'après chaque émission d'un ou de plusieurs œufs, la femelle en conservait presque toujours un suspendu à son cloaque, jusqu'à la prochaine évacuation. C'est peut-être là qu'il faut chercher l'explication d'œufs non fécondés que l'on voit fréquemment dans ces pontes multiples.

D'après le dire de Ræsel, on croyait que la femelle du *Bombinator pachypus* pondait ses œufs en paquets, et que ceux-ci tombaient simplement au fond et s'y développaient. J'ai redressé cette erreur en 1883, dans ma note *sur l'hybridation des Batraciens anoures*, note dans laquelle j'ai représenté les brins d'herbe avec les œufs y adhérant (1). A cette époque je n'avais pu encore observer ces animaux d'aussi près et je croyais, d'après les pontes recueillies, que les œufs étaient déposés un à un, rarement par petits lots. Or, c'est le contraire qui a lieu. Les œufs sont rarement pondus isolément ; ils sont le plus souvent déposés en petit nombre de deux à douze ; de plus, comme on l'a vu, ils ne tombent jamais au fond, mais sont, au contraire, soigneusement attachés, soit à fleur d'eau soit un peu au-dessous de la surface.

L'œuf, aussitôt fécondé, commence son évolution, l'hémisphère supérieure est colorée en gris clair où café au lait ; cette teinte est très favorable à l'observation des phases de la segmentation. Il suffit de vingt-quatre heures pour satisfaire à cette intéressante étude, car, dès le lendemain, l'embryon accuse

---

(1) Bull. de la Soc. zool. de France, VIII, 1883.

déjà sa première ébauche. Chez *B. igneus*, cette même partie est marron clair : la différence est donc assez sensible entre les deux espèces. Au pôle supérieur, on remarque une tache claire, au centre de laquelle se voit la fossette germinative ; puis, sur le côté de la tache pâle, se remarque encore un point obscur très petit qui correspond au canal de von Baer. L'hémisphère inférieur est d'un blanc d'ivoire. La zone équatoriale est très pâle chez *B. pachypus*, tandis qu'elle est bistrée chez *B. igneus*, en sorte que la calotte pigmentaire paraît plus étendue chez ce dernier.

Ce sont là les principales différences qui permettent de distinguer l'œuf des deux espèces. Ensuite, comme nous l'avons fait remarquer au chapitre précédent, lors de la formation du petit embryon, l'œuf de *B. igneus* présente cette particularité que la capsule devient très apparemment ovoïde et que le mucilage qu'elle contient se trouble passagèrement ; tandis que chez *B. pachypus*, cette même capsule se maintient sphérique et son contenu reste parfaitement limpide : l'œuf fixé aux végétaux y restera jusqu'après le départ de l'embryon. Chez *B. igneus*, la couche agglutinante est beaucoup moins ferme : elle cède aux oscillations de l'eau et au poids de l'embryon, et on la voit peu à peu descendre de plusieurs centimètres au-dessous de la branche où elle a été fixée, de telle façon que l'œuf est suspendu par un fil de mucus.

L'embryon des Sonneurs est remarquablement différent de tous les embryons que nous avons déjà passés en revue. La tête est petite relativement au corps, la face est une sorte de museau composé de deux tubes soudés entre eux, qui jouent le rôle de fossette sous-buccale ; ces tubes sont ouverts en bas et fermés par un tampon muqueux qui sert au petit animal à se fixer lorsqu'il abandonne les enveloppes protectrices de l'œuf.

Cet organe d'adhérence est donc tout différent de celui que possèdent les larves de *Discoglossus* que nous avons étudiées précédemment. Quand la larve arrive au milieu de la période branchiale et que la bouche commence à s'ébaucher, ces tubes se résorbent peu à peu, quand enfin la queue du petit animal a atteint le développement nécessaire pour aider à sa direction, il ne reste plus que deux plaques brunes ovalaires au-dessous de la bouche ; puis ces débris finissent par disparaître complètement après la formation du spiraculum. Ces plaques, qui conservent en s'effaçant l'aspect de disques ovalaires chez *B. pachypus*, se réduisent en petites bandelettes arquées chez *B. igneus*.

Maintenant que nous connaissons assez la physionomie de ces larves, depuis le début de leur ébauche, je dois rappeler les critiques que j'ai formulées dans mes *Observations comparatives sur les Batraciens du genre Bombinator* (1), à propos des figures présentées par Gœtte dans son travail sur le *Bombinator igneus* (2).

Depuis la période branchiale, on observe chez les larves des deux Sonneurs des différences très appréciables. Chez *B. pachypus* le corps est plus gros et plus opaque, les parties pigmentées sont moins brunes et les membranes natatoires sus et sous-caudales ont une légère pigmentation grise qui leur donne l'aspect du verre dépoli. Chez *B. igneus*, la pigmentation brune est très prononcée : deux bandes longent le dessus du corps de la jeune larve, de la tête à l'extrémité de la queue ; ces bandes brunes sont séparées par la nageoire dorsale ; une autre bande

---

(1) Bull. de la Soc. zool. de France, XII, 1888, avec 2 pl.
(2) *Die Entwickelungsgeschichte der Unke* (Bombinator igneus). Leipzig, 1875.

se montre sur les flancs, elle commence près de l'œil, gagne la partie inférieure et charnue de la queue qu'elle suit en s'effaçant progressivement dans son trajet. Les membranes natatoires et le reste du corps sont d'une telle transparence qu'on peut facilement voir la circulation du sang s'effectuer dans une partie des vaisseaux ; le cœur et les autres viscères peuvent être observés au travers de la peau.

Le spiraculum s'établit de la même façon que chez les Discoglosses. Les branchies externes disparues, les deux opercules s'avancent lentement l'un vers l'autre, pour se réunir au centre de l'abdomen et ne présenter extérieurement qu'un orifice où se dissimulent les conduits latéraux de la chambre branchiale. C'est la deuxième période larvaire de Dugès. Passé cet âge, on arrive encore à distinguer les deux espèces : *B. pachypus* est moins élancé, il présente toujours moins de transparence que *B. igneus*. Mais, petit à petit, les deux têtards finiront par avoir les mêmes proportions et la pigmentation, par la suite, viendra effacer toute différence. Seul un espace clair, encore visible sur le crâne du têtard de *B. igneus*, permet de les distinguer. Puis, au cours de la troisième période, cet espace clair se pigmente et toute différence s'efface quant à la coloration.

L'aménagement de la bouche ne montre rien de particulier, deux lames pectinées à la lèvre supérieure, trois à l'inférieure sont semblables chez les deux espèces ; l'étude microscopique des denticules n'a pu non plus nous fournir de différences appréciables (1).

---

(1) Héron-Royer et Ch. van Bambeke : *Le Vestibule de la bouche chez les têtards des Batraciens anoures d'Europe*, etc., avec 13 planches et figures dans le texte. Archives de Biologie, IX. Liège, 1889.

On est alors obligé d'avoir recours au profil du tétard. Chez *B. pachypus*, la tête est petite et étroite, le museau allongé et busqué. Chez *B. igneus*, la tête est plus grosse, le museau est également long et busqué, mais le dessous du menton est mieux rempli ; le corps est globuleux, la queue est courte, les yeux sont très rapprochés, la coloration est d'un gris sombre, marbré de taches brunes, la taille ne dépasse pas celle ordinaire du tétard de l'Alyte accoucheur.

Lorsque ces tétards arrivent à la fin de la troisième période, ils deviennent très impressionnables, surtout ceux de *B. igneus*. Dès qu'on les effraye, ils écartent leurs cuisses, ramènent les genoux contre le corps et, dirigeant leurs orteils vers l'abdomen, tournent la plante du pied en l'air pour montrer la large tache livide dont elle est marquée. Ce stratagème rappelle la posture bizarre que prennent les adultes lorsqu'ils se voient surpris par un ennemi quelconque.

A la quatrième période larvaire, la métamorphose se complète ; les deux bras sont passés au dehors, et la peau du dos s'épaissit : elle devient granuleuse et dès leur apparition, les granulations affectent la même disposition que chez l'adulte. En même temps la coloration se fixe et, lorsque le petit Batracien commence à résorber sa queue, on remarque plus nettement deux paires de taches claires gris cendré, la première sur le dos, la seconde sur le sacrum. Chez *B. pachypus*, ces deux paires de taches conservent une teinte cendrée ; chez *B. igneus*, les taches lombaires seules restent grises, tandis que les dorsales prennent une légère teinte vert tendre.

Chez les deux espèces, ces taches ne sont jamais bien fixes ; elles peuvent même s'effacer passagèrement. Elles s'élargissent à mesure que la queue du tétard se réduit, et il semble que les antérieures restent en place, tandis qu'on voit les postérieures s'avancer lentement vers le milieu du dos, en sorte que les deux paires de taches ne seront plus séparées l'une de l'autre que par un espace à peu près égal à la dimension de l'une d'elles. Cependant, chez *B. igneus*, il est à remarquer qu'elles se rapproche-ront d'avantage et qu'elles arriveront même jusqu'à se confondre, mais plus tard. En dehors de ces taches, on peut encore, à cet âge, distinguer ces deux jeunes Sonneurs à la couleur de la peau : elle est d'un brun terreux chez *B. pachypus;* d'un brun noirâtre chez *B. igneus.* Mais les faces ventrales ne présentent encore que des teintes indécises. C'est d'abord aux pieds, puis un peu plus tard aux mains et au menton qu'apparaissent les premières macules jaunes, celles du ventre sont toujours les dernières à se montrer et même lorsque le petit Anoure est à l'état parfait, ces taches jaunes sont encore confuses et très pâles ; elles n'atteignent leur intensité naturelle qu'après plusieurs mois et souvent même une année.

La couleur citron chez *B. pachypus* et la couleur vermillon chez *B. igneus*, se dessinent et s'accusent de la même façon ; mais chez ce dernier le jaune ne passe que fort lentement à la teinte rouge. Si la colo-ration des faces inférieurss n'est pas encore assez tranchée, l'inspection de ces macules, toujours larges et reliées chez *B. pachypus*, toujours petites, moins nombreuses et isolées chez *B. igneus*, permettra de distinguer les deux espèces.

La forme du corps permettra encore facilement cette distinction. *B. pachypus* est trapu, avec des bras plus longs, des pieds plus courts et un abdomen peu renflé, à peu près aussi large en haut qu'en bas. *B. igneus*, avec sa poitrine étroite, à le corps plus long ; en bas, le ventre est toujours large ; la tête est plus fine et, sur les côtés du cou, on voit une petite parotide saillante et de couleur marron, qui manque chez son congénère.

Ainsi, nous avons vu que, durant l'état larvaire, à la deuxième et à la troisième périodes, la ressemblance est si grande qu'on éprouve de réelles difficultés pour distinguer les deux espèces l'une de l'autre, tandis qu'au début de l'état parfait les deux Sonneurs présentent des différences très sensibles.

Avant de terminer cette notice sur les Bombinatoridés, je dois signaler encore la récente découverte, en Asie, d'une nouvelle forme de Sonneur, intermédiaire aux deux espèces connues en Europe, et désignée par Boulenger, sous le nom de *Bombinator orientalis* (1).


### LE SONNEUR ORIENTAL

Ce nouvel Anoure, dont le nom nous indique simplement la provenance, a été trouvé parmi un lot de Reptiles et de Batraciens acheté par les soins de l'administration du British Muséum de Londres. Sa forme est à peu près identique à celle du Sonneur à pied épais, il présente également une tête large et plate, avec un museau bien arrondi ; un corps court et non renflé à sa base, avec des membres pelviens robustes. La coloration l'en distingue cependant un peu, et les verrues allongées et brunes, groupées en lignes arquées, rappellent assez bien celles situées entre les épaules chez *B. igneus.*

Quant aux taches ventrales de couleur carminée,

---

(1) Annals and Magazine of natural History, février 1890. *A List of the Reptiles and Batrachians of Amoorland. By G. A. Boulenger (Pl. IX, fig. 2).*

elles sont grandes et largement répandues ; elles rendent l'image exacte de la disposition de ces mêmes taches chez *B. pachypus.*

N'ayant pu me procurer de spécimens, je me trouve arrêté dans cette description que j'établis d'après l'examen de la planche annexée à la note de Boulenger. Voici d'ailleurs une traduction de cette note : « La « forme orientale, pour laquelle je propose le nom « ci-dessus, s'accorde avec *B. pachypus* quant aux « proportions des membres et l'absence de sacs « gulaires, et avec *B. igneus* dans l'absence d'excrois- « sances nuptiales aux orteils et la couleur rouge des « parties inférieures. Dix-neuf échantillons sont au « British Museum, provenant de Chefoo, du nord de « la Chine, du sud-est des côtes de Corée et de Cha- « barowka.

« Les surfaces supérieures sont d'ordinaire aussi « grossièrement couvertes de verrues que chez *B. pa- « chypus.* Comme chez le *B. igneus*, les parties supé- « rieures sont toujours tachées ou marbrées de foncé « et ne montrent aucune trace des quatre taches « claires de *B. pachypus* ; le fond de la couleur varie « de l'olive foncé, avec des taches foncées peu nom- « breuses et plus ou moins nettes, au vert brillant « également taché ou marbré de noir profond. Les « parties inférieures sont rouge sang, tachées ou « marbrées de noir profond, aucune des deux cou- « leurs ne prédominant d'habitude ; aucun point « blanc sur le ventre ; bouts des doigts et orteils « rouges.

« Par cette analyse nous voyons que *B. orientalis*, « bien que intermédiaire entre *B. igneus* et *B. pachy- « pus*, est en somme plus voisin de ce dernier.

« D'après nos connaissances actuelles, l'énorme « étendue géographique séparant les habitats de

« *B. igneus* et *B. orientalis* ne semble être habitée
« par aucune forme du genre *Bombinator*, ni d'ail-
« leurs par aucun autre Discoglosside. »

La découverte en Extrême-Orient d'un nouveau
représentant de la famille des Bombinatoridés doit
stimuler les rares chercheurs qui visitent l'Asie, car
il est bien certain que cette vaste contrée, encore
neuve, nous ménage de nombreuses et intéressantes
nouveautés Batrachologiques.

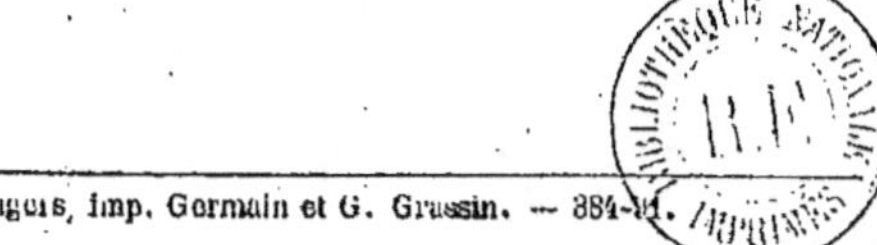

Angers, imp. Germain et G. Grassin. — 884-94.